小學生
趣味大科學

生命的搖籃
海洋

恐龍小 Q 編

目錄

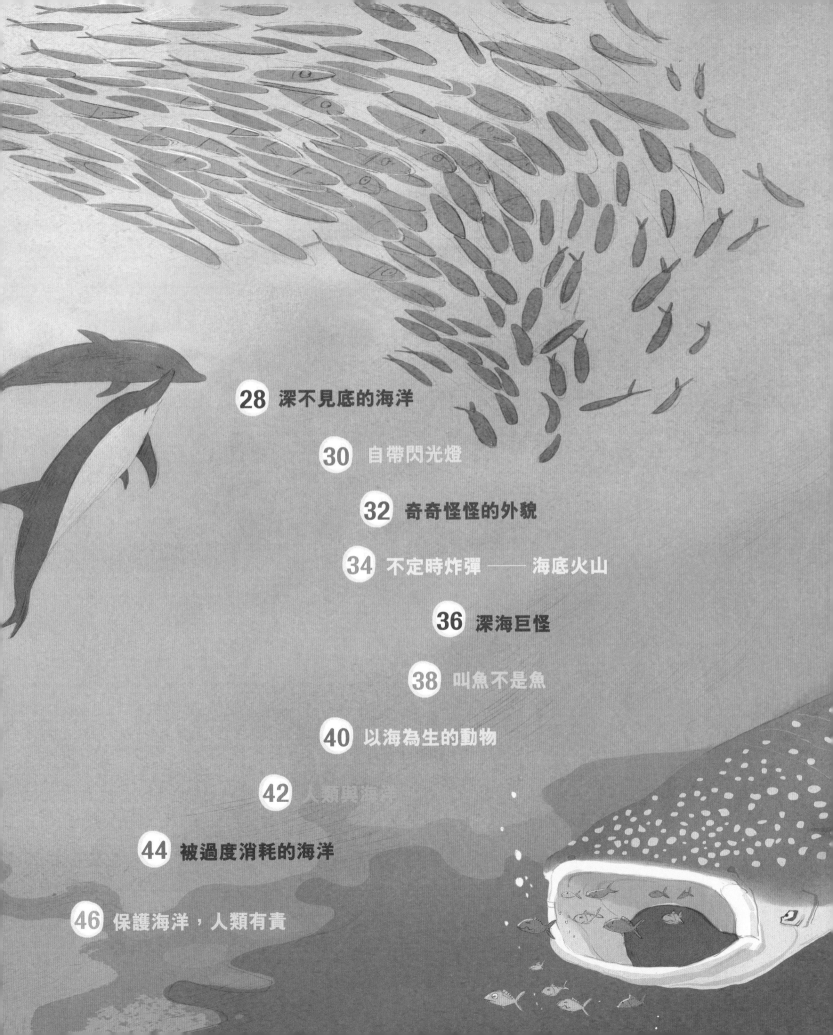

遼闊的生命搖籃

歡迎大家參加本次的「大海洋之旅」，我先給大家簡單講解一下海洋的知識。

海洋是地球上最遼闊的水體，面積約佔地球表面面積的 71%，水儲量約佔全球水儲量的 97%，海洋中植物每年製造的氧氣佔地球每年產生氧氣總量的 70%。

海洋中生活着千百萬種生命，是名副其實的「生命搖籃」。大約 35 億年前，海洋中就出現了最原始的細胞，經過很長時間的進化演變之後，形成了如今的生物界。

海洋其實是海和洋的總稱。**海**就是我們平時所說的大海，是大洋靠近陸地的部份。一些海深入大陸的內部，例如波羅的海；一些海位於大陸和大洋邊緣，例如黃海；還有一些海處於幾個大陸之間，例如地中海。

海洋的中心部份才是**洋**。全球大洋可分為太平洋、大西洋、印度洋、南冰洋和北冰洋五大洋，其中太平洋面積最大、深度最深。此外，海峽、海灣等也是海洋的重要組成部份。

海

洋

4

深藍色的海水下並不是一望無際的平地，而是有各種各樣的海底地貌。由大陸向海自然延伸的部份被稱為「大陸架」，大陸架的坡度比較平緩。

洋中脊是大體沿大洋中線延伸的海底山脈，其延伸長度達7萬公里，是地球上最長的環球性洋中山系。

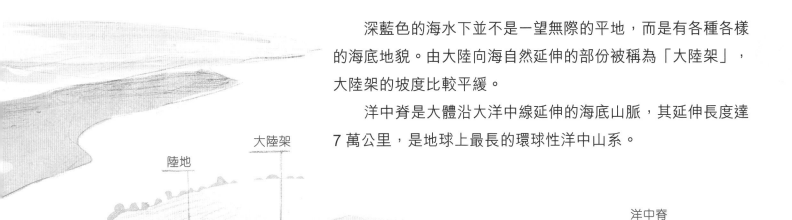

陸地　大陸架　洋中脊

海洋對地球的氣候、生態系統的平衡十分重要，它既影響地球的降雨量，也在減緩溫室效應的過程中發揮着不可替代的作用。

自然的生物鐘 —— 潮汐

噓！大家小聲一點，不要吵到生寶寶的海龜媽媽！

潮汐是海水在月球和太陽的引力作用下產生的一種周期性漲退的現象。一天當中，我們可以看到海水漲退兩次。

寶藏

爺爺曾經說過，我們的家族在海洋裏藏着一份寶藏，找到這份寶藏的鴨子就可以擁有全世界最珍貴的財富。

海水漲退的規律是可以推算出來的，唐代竇叔蒙撰寫的《海濤志》中就有根據月亮的陰晴圓缺推算海水漲退規律的記載。

中秋節前後，中國沿海地區的潮汐最大。著名的錢塘江大潮在這時處於最佳觀潮期。我們在海邊遊玩的時候一定要留意海水漲退的時間，保障人身安全。

海龜媽媽會在潮水的幫助下上岸產卵。牠們爬上沙灘挖洞，把卵產在沙子裏。
小海龜一破殼就會奔向大海。

圓球股窗蟹是沙灘上的常住「居民」，退潮時會從洞中爬出來。潮水帶來的營養物質是牠們喜愛的美食，牠們用兩隻「大鉗子」挖取沙子塞進嘴裏，吞掉裏面的有機物以後，再把沙子搓成一團放到一邊。

大彈塗魚住在岸邊的灘塗裏，常常在退潮以後冒出來，吃掉灘塗上的硅藻。
一些海鳥也會根據潮水漲退的時間來到岸邊捕食。

大彈塗魚

我能用鰓和皮膚呼吸，所以離開水後不曾缺氧而亡。

啊，還能這樣？!

7

海洋「市中心」——熱鬧的淺海區

接下來由我帶領大家繼續參觀，大家不要隨便離開隊伍喲！

今天的殼怎麼這麼重？

淺海區一般是指深度在200米以內的連續水域。這裏非常溫暖，陽光可以穿透海水直達海底，所以這片水域是許多喜光生物的樂園。

淺海區有各種海洋生物在生活：色彩斑斕的珊瑚礁、繁茂的海藻林、綠油油的海草床等。

無論是珊瑚礁還是海藻林、海草床，都是海洋中不可缺少的生命形式。牠們是維持海洋生態系統平衡的重要角色，許多生物需要依附牠們才能生存。

鯊魚來了！快跑呀！

那我曾見到鯊——

淺海區充足的光照吸引了很多浮游生物來到這裏，這些浮游生物又引來眾多的魚類，於是捕食者隨之而來。

除了海洋中的珊瑚礁、海藻林和海草床以外，熱帶海岸泥灘上的紅樹林和靠近江河湖海的濕地也是重要的生物聚集地。

紅樹林主要由紅樹型植物組成，生長在陸地和海洋之間交界地帶的泥灘上，一般分佈在比較溫暖的海域。紅樹林中樹木根系發達，能夠在海水中生長。紅樹林是很多動物絕佳的棲息地，也能幫助人類抵禦颱風和海嘯的侵襲。

終於甩開牠們了！我要找到寶藏，登上鴨生巔峰！

春鴨生巔峰

濕地被譽為「地球之腎」，一般位於陸地和水域之間的過渡地帶，擁有眾多的水生動植物資源，更是很多候鳥過冬的場所。

是動物還是植物

珊瑚蟲多群居，結合成一個群體。牠們不會移動，但會伸出自己的觸手來捕食海洋中細小的浮游生物。珊瑚蟲一般生活在水溫高於 20℃、光照充足的淺海區，只有少數珊瑚蟲能在深海區生存。

珊瑚是由許多珊瑚蟲的石灰質骨骼聚集形成的，有樹枝狀、盤狀、塊狀等多種形狀。珊瑚的顏色很絢麗，有紅、黃、紫、藍等多種顏色。

珊瑚礁主要由造礁珊瑚的石灰質遺骸和鈣藻、貝殼等長期聚結而成。珊瑚蟲會一代一代在這些遺骸上生長、繁育、死亡，經過數百年甚至數千年之後才會形成珊瑚礁。但是並不是所有珊瑚都能形成珊瑚礁，珊瑚礁形成的條件十分苛刻，水溫、海水鹽度、光照等都是影響珊瑚成礁的重要因素。

珊瑚礁是海洋中十分重要的生態系統，稱得上是海洋中的「熱帶雨林」。珊瑚礁中有各種海洋動物，如一些軟體動物和甲殼類動物，還有很多魚類。

棘冠海星以活體珊瑚為食，大批聚集時能將成片的活體珊瑚吃得一乾二淨。

法螺則以這種海星為食，幾乎是棘冠海星唯一的天敵。法螺的殼很漂亮，殼的表面多為黃褐色，並且有半圓形或三角形的斑紋。殼口呈蛋形，裏面為橘紅色。

救命啊！法螺先生快救救我們！

← 棘冠海星

法螺

咦，我的午餐呢？

那邊呢！

海洋霸主

請各位旅客繫上安全帶，「列車」正在全速前進！

鯊魚旅遊專線
10 條魚乾 / 位

這速度真的很快！10 條魚乾超值！

　　鯊魚堪稱海洋中的霸主，牠們的活動範圍很廣，糧食種類很多，主要以各種魚類、海龜、海豹、海獅等為食。

　　鯊魚的身體結構很奇特，牠們的骨骼是由有彈性的軟骨組成的，主要作用是固定強而有力的身體肌肉。這種身體結構能夠提升鯊魚的游泳速度，使牠們可以快速地追捕獵物。

　　人類不是鯊魚喜歡吃的食物，鯊魚只有在極度飢餓或者感受到威脅時才會攻擊人類。一些衝浪的人之所以會被攻擊，可能在鯊魚的角度，衝浪板的形狀很像牠們的獵物——海獅。

　　鯊魚的種類很多，最大的鯊魚是鯨鯊。鯨鯊身長一般在 12 米左右，最長可達 20 米，主要以浮游動物為食。鯨鯊也是世界上現存最大的大洋性魚類。

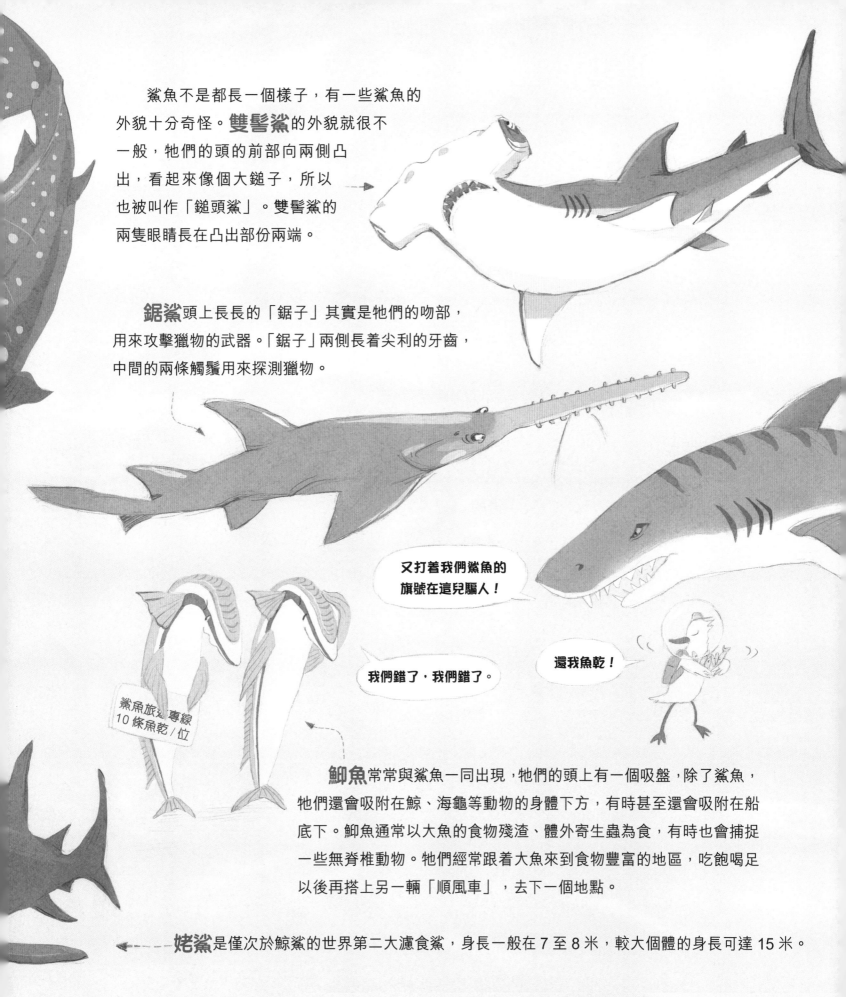

鯊魚不是都長一個樣子，有一些鯊魚的外貌十分奇怪。**雙髻鯊**的外貌就很不一般，牠們的頭的前部向兩側凸出，看起來像個大鎚子，所以也被叫作「鎚頭鯊」。雙髻鯊的兩隻眼睛長在凸出部份兩端。

鋸鯊頭上長長的「鋸子」其實是牠們的吻部，用來攻擊獵物的武器。「鋸子」兩側長着尖利的牙齒，中間的兩條觸鬚用來探測獵物。

又打着我們鯊魚的旗號在這兒騙人！

我們錯了，我們錯了。

還我魚乾！

鯊魚旅遊專線
10 條魚乾 / 位

鮣魚常常與鯊魚一同出現，牠們的頭上有一個吸盤，除了鯊魚，牠們還會吸附在鯨、海龜等動物的身體下方，有時甚至還會吸附在船底下。鮣魚通常以大魚的食物殘渣、體外寄生蟲為食，有時也會捕捉一些無脊椎動物。牠們經常跟着大魚來到食物豐富的地區，吃飽喝足以後再搭上另一輛「順風車」，去下一個地點。

姥鯊是僅次於鯨鯊的世界第二大濾食鯊，身長一般在 7 至 8 米，較大個體的身長可達 15 米。

難以察覺的偽裝大師

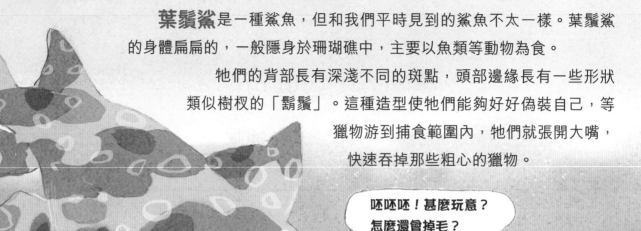

葉鬚鯊是一種鯊魚，但和我們平時見到的鯊魚不太一樣。葉鬚鯊的身體扁扁的，一般隱身於珊瑚礁中，主要以魚類等動物為食。

牠們的背部長有深淺不同的斑點，頭部邊緣長有一些形狀類似樹枝的「鬍鬚」。這種造型使牠們能夠好好偽裝自己，等獵物游到捕食範圍內，牠們就張開大嘴，快速吞掉那些粗心的獵物。

> 呸呸呸！甚麼玩意？
> 怎麼還會掉毛？

> 石頭長嘴啦？

石頭魚雖然外貌不太好看，卻是海洋中的偽裝高手。牠們體形不大，喜歡躲在海底的亂石中，然後把自己隱藏起來。

石頭魚採用「守株待兔」的方式捕食。牠們可以一直待在一個地方很久，直到有小魚上鈎。牠們的偽裝能騙過獵物，也能騙過天敵。牠們背上長有劇毒的刺，能夠致人死亡。

> 老大爺，請問您知道這個地方嗎？

> 不知道，不知道！你去前邊問問吧，別耽誤我吃飯。

生活在淺水沙地中的**擬態章魚**堪稱自然界中的偽裝大師，牠們的身體十分柔軟。

我本來長這樣！

擬態章魚在遇到危險的時候，可以改變自身的形狀和顏色來模擬其他海洋動物的形態。牠們經常模擬扁平狀的比目魚或者有毒的海蛇的形態，這種方式能幫助牠們躲避或者嚇退天敵。

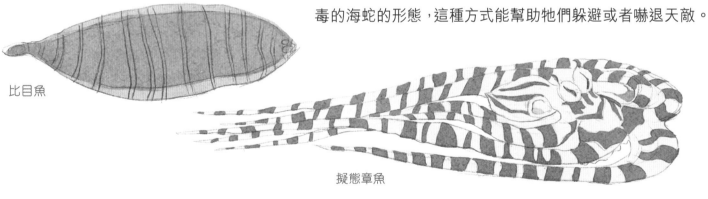

比目魚

擬態章魚

海蛇

擬態章魚

海洋中的用毒高手

　　水母在地球上已經生活幾億年了，牠們出現的時間比恐龍還要早。水母的種類很多，以浮游生物、小型魚類等為食。

　　水母的外形像一把傘，傘緣有觸手，有些觸手約20 至 30 米長，這些觸手既是牠們的武器，也是牠們的消化器官。

我們是水母！

請問──天啊！好漂亮啊。

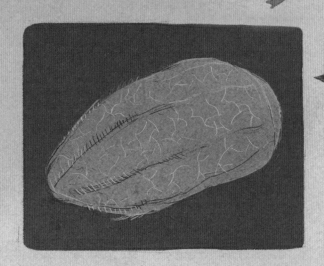

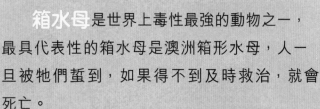

　　櫛水母雖然看起來很像水母，但牠們與水母有很大差別。大多櫛水母是半透明的，能發出漂亮的光。

眼睛

　　箱水母是世界上毒性最強的動物之一，最具代表性的箱水母是澳洲箱形水母，人一旦被牠們蜇到，如果得不到及時救治，就會死亡。

　　箱水母的傘狀結構四周有 4 處眼睛集中的地方，每處眼睛集中的地方都有 6 隻眼睛。這些眼睛使牠們的視線範圍可以達到 360 度，還能看清楚自己的身體。

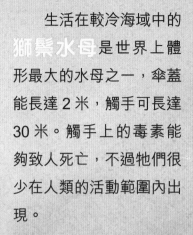

生活在較冷海域中的**獅鬃水母**是世界上體形最大的水母之一，傘蓋能長達 2 米，觸手可長達 30 米。觸手上的毒素能夠致人死亡，不過牠們很少在人類的活動範圍內出現。

有一種小魚可以和水母和平共處，牠們就生活在水母的觸手下。這些小魚有時候會幫助水母「釣魚」，把其他魚類吸引到水母的捕食範圍內，牠們則以水母吃剩的殘渣為食，並以水母為保護傘。

海洋中的「用毒高手」不只有水母，
很多海洋生物都自帶毒液。

藍圈章魚的體形和高爾夫球差不多，黃褐色的身
體表面上有鮮艷的藍色圓圈。在感到危險時，牠們身上的藍色圓
圈就會發出藍光，以示警告。

這種章魚雖然體形很小，卻具有很強的毒性，被牠們咬上一
口就能致人死亡，而且目前沒有藥物能夠解毒。

藍圈章魚分佈在日本與澳洲之間的太平洋海域，一般躲在珊
瑚礁或者海草床中。牠們不會主動攻擊人類，但在潛水時還是要
遠離牠們。

看不見我，
看不見我。

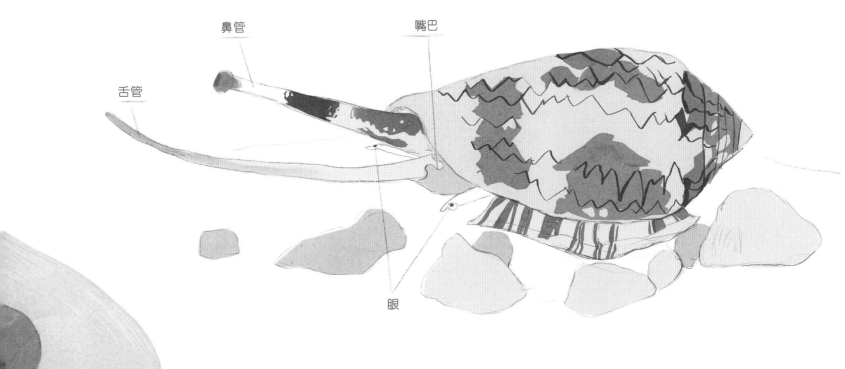

鼻管

舌管

嘴巴

眼

　　雞心螺外殼形狀類似雞心或芋頭，所以又被稱為「芋螺」。雞心螺的種類很多，差不多有 500 種，牠們一般生活在暖海中。

　　雞心螺行動緩慢，需要依靠毒液來捕捉獵物。牠們的毒液毒性十分強大，毒死一個成年人毫不費力。

　　雞心螺的毒素成分十分複雜，這些毒素會麻痺受害者的神經，中毒的人感覺不到疼痛，最終會因心臟衰竭而死亡。

　　雞心螺長得很漂亮，中毒的人大多是在撿拾雞心螺時被攻擊中毒的。所以在海邊遊玩的時候，不要因為好奇去撿拾和觸摸一些不認識的動物。

相互依存的好朋友

海葵 →

花紋細螯蟹是一種體形特別小的螃蟹，雖然也有一對螃蟹標誌性的「鉗子」，但牠們的「鉗子」十分弱小，無法抓住食物，於是牠們找海葵幫手。

海葵的觸手可以在流動的海水中捕捉浮游生物，花紋細螯蟹用「鉗子」鉗住海葵揮動，讓海葵抓住浮游生物，然後再吃掉海葵觸手上自己喜歡的食物。花紋細螯蟹揮動海葵的動作十分有趣，看起來就像在跳舞。

有時，海葵還會成為花紋細螯蟹的武器。海葵的觸手有毒，當遇到捕食者的時候，花紋細螯蟹會揮動「手」中的海葵嚇退捕食者。而海葵與花紋細螯蟹生活在一起，海葵就能獲得更多氧氣和食物。

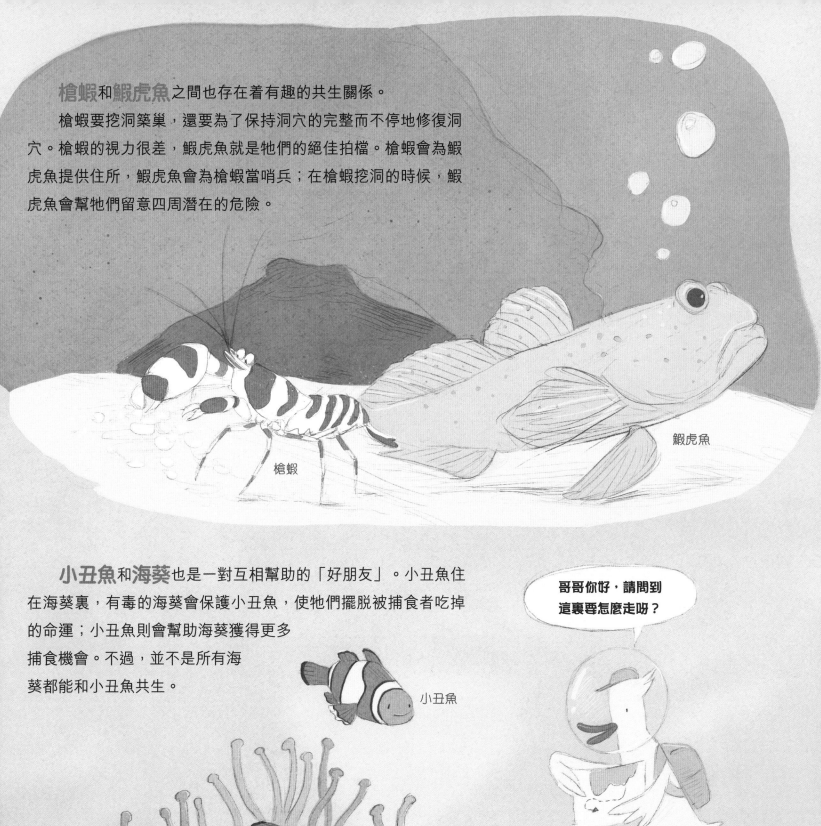

槍蝦和鰕虎魚之間也存在着有趣的共生關係。

槍蝦要挖洞築巢，還要為了保持洞穴的完整而不停地修復洞穴。槍蝦的視力很差，鰕虎魚就是牠們的絕佳拍檔。槍蝦會為鰕虎魚提供住所，鰕虎魚會為槍蝦當哨兵；在槍蝦挖洞的時候，鰕虎魚會幫牠們留意四周潛在的危險。

槍蝦

鰕虎魚

小丑魚和海葵也是一對互相幫助的「好朋友」。小丑魚住在海葵裏，有毒的海葵會保護小丑魚，使牠們擺脫被捕食者吃掉的命運；小丑魚則會幫助海葵獲得更多捕食機會。不過，並不是所有海葵都能和小丑魚共生。

小丑魚

海葵

哥哥你好，請問到這裏要怎麼走呀？

不遠了，就在前面。

生命的旅程

天啊，我的藏寶圖！

迴游是海洋中的魚類等動物沿着一定路線有規律地往返遷移。動物迴游的原因有多種：一些是為了追隨食物而迴游，一些是為了到合適的地點產卵而迴游，一些則是為了避寒向暖水水域遷移而迴游。

沙丁魚迴游的景象最為壯觀。每年數百萬條沙丁魚會沿着南非海岸開始迴游，這些小魚聚集在一起，形成長長的魚群帶，在海面上空就可以清楚地看到牠們的身影。

成群的沙丁魚也引來了捕食者，魚群帶不得已被分成一個個球狀魚群。海豚會把這些魚群趕向水面，此時早已在水面上空等候的海鳥就會迫不及待地撲進水中捕食沙丁魚。鯊魚和鯨也是這場盛宴的常客。

鮭魚需要靠洄游產卵。鮭魚的幼魚在河流中出生，在海洋中成長，長大以後又會回到出生地產卵。大部份鮭魚一生僅產卵一次，產卵以後就會死亡，牠們的身體則會為幼魚提供營養。

紅鮭魚會在洄游途中改變自己的樣子：頭部逐漸變成綠色，身體逐漸變成紅色，而雄魚的身體變化較大。不同種類的鮭魚洄游的時間也有所不同，但一般在夏秋兩季。進入淡水以後，紅鮭魚不再進食，全靠消耗自身的能量維持生命。

除了艱難的路途，捕食者也是紅鮭魚洄游路上的一大威脅。肉食動物會在魚群的必經之路上提前埋伏來捕食牠們，以儲存過冬所需要的營養。

是「男生」還是「女生」

小丑魚喜歡生活在比較溫暖的水域，海葵是牠們的理想住所。一對小丑魚夫婦會生活在一個海葵中，如果海葵比較大，牠們會讓其他幼魚加入，然後一起組成一個大家庭。

但當這對夫妻中的雌魚不見了，雄魚會在幾週內，從生理機能到外部形態完全變成一條雌魚。

雙帶錦魚多數生活在熱帶水域的珊瑚礁附近，有一些也住在海草床中。牠們過着群居生活，喜歡組隊遨遊覓食。雙帶錦魚也是一種可以改變性別的魚類，一般是由雌性變為雄性，牠們的身體顏色、體形大小和某些器官都會改變，而且這種改變是不可逆轉的。

雌性雙帶錦魚

雄性雙帶錦魚

　　紅鯛魚的大家庭中有二十多個成員，但一個家庭中只有一條雄魚，剩下的都是雌魚。當唯一的雄魚不見了，其中一條比較強壯的雌魚就會變成雄魚，帶領這個家庭繼續生活。

雄性紅鯛魚

　　這種改變性別特徵的現象在海洋動物中比較常見，有些魚甚至可以在一天內多次轉變性別，這種獨特的行為是動物為了能更有效延續種群而演化出來的。

會行走的電源

我—只—是—路—過—

我的天啊！對不起！

電鰩是一種扁體魚，主要生活在熱帶和亞熱帶的淺水水域中，也有少數生活在深海中，是一種會放電的魚類。

電鰩的外貌很奇怪，牠們的頭部和胸部連在一起，眼睛長在背上，發電器官大致位於頭部和胸鰭之間，放電時的電壓一般在 75 至 80 伏特之間，最高可達 200 伏特。

捕食的時候，電鰩經常把自己的一半身子埋在泥沙裏，然後電暈「路過」的小魚、小蝦，之後再把牠們吃掉。放電也是電鰩的一種防禦手段，連續放電以後，電鰩釋放的電流會逐漸減弱直至消失，這時牠們需要休息一會兒才能繼續放電。

我的這輛潛水艇送給你，你去深海用得上。

充電中

謝謝你。

除了電鰩以外，生活在淡水中的電鯰和電鰻也是放電能手。

電鯰廣泛分佈於非洲熱帶地區的淡水流域中，身長1米左右，嘴上有3對觸鬚，眼睛很小，背部皮膚下有成對的發電器。電鯰生性比較兇猛，喜歡晝伏夜出，捕食的時候先用電流把獵物擊暈，然後再將其吃掉。牠們的放電能力很強，能夠瞬間放出200至450伏特的電壓。電鯰釋放的電流不僅能電死小動物，有時甚至可以把人電暈。

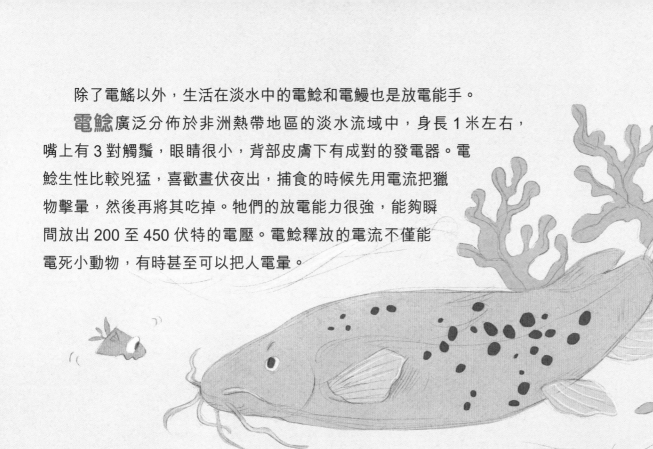

放電能力最強的淡水魚是**電鰻**，雖然這種魚的名字叫電鰻，但其實牠們與鯰魚的關係更近。電鰻主要生活在南美洲亞馬遜河和奧里諾科河，牠們喜歡在夜間捕食小魚、小蝦等動物。

電鰻的體形很大，發電器官位於尾部兩側，平均放電電壓約為350伏特，最大電壓可達800伏特，電壓強度足以殺死一頭牛。

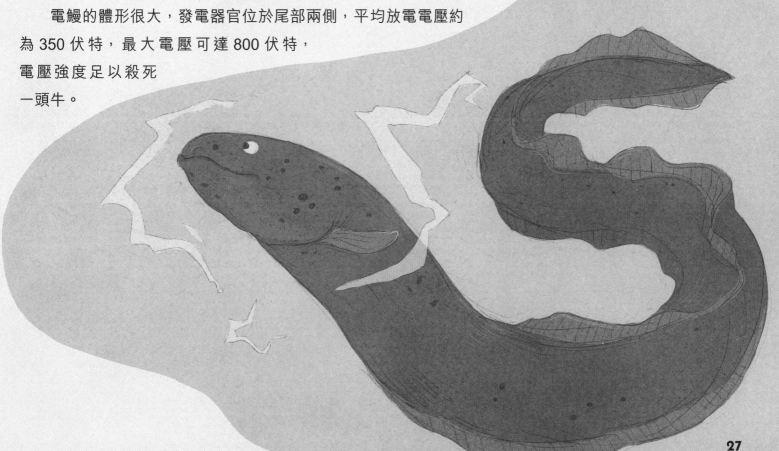

深不見底的海洋

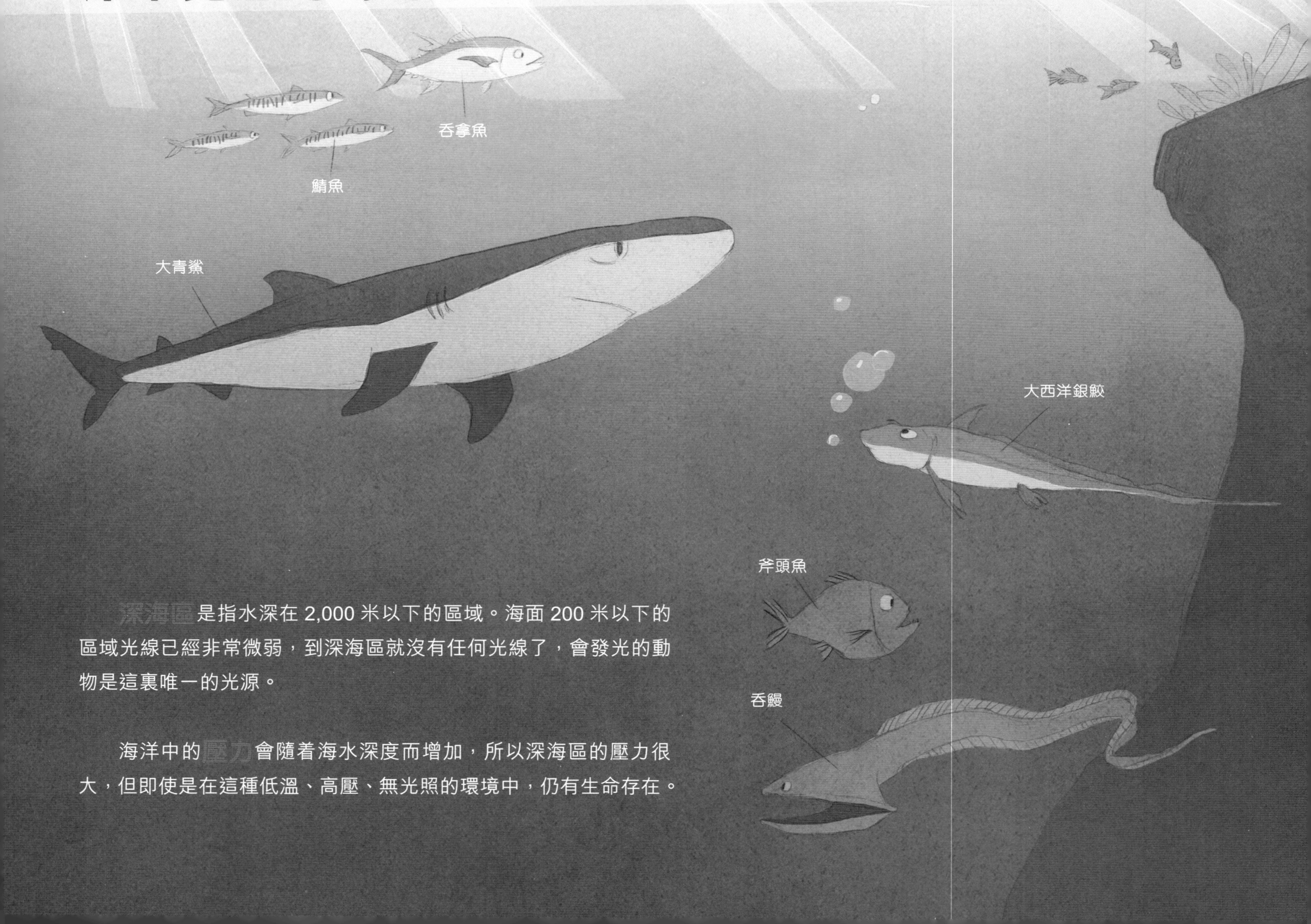

深海區是指水深在 2,000 米以下的區域。海面 200 米以下的區域光線已經非常微弱，到深海區就沒有任何光線了，會發光的動物是這裏唯一的光源。

海洋中的壓力會隨着海水深度而增加，所以深海區的壓力很大，但即使是在這種低溫、高壓、無光照的環境中，仍有生命存在。

大西洋銀鮫

斧頭魚

吞鰻

吞拿魚

鯖魚

大青鯊

200 米

1,000 米

5,000 米

10,000 米

11,034 米

海溝是海洋中最深的地方，一些溝的深度超過一萬米。太平洋底的海溝數量最多，世界上最深的海溝——馬里亞納海溝就位於這裏。

馬里亞納海溝大部份水深超過八千米，其中斐查茲海淵的深度達 11,034 米，是已知地球上最深的地方。即使把世界最高峰——珠穆朗瑪峰放在這裏，峰頂也不能露出水面。

世代生活在深海區的動物早已適應了這種惡劣的生存環境，而目前人類能夠承受的壓力是有限的，所以在大洋深處還有許多物種沒有被發現。

幸好我的潛水艇採用了高科技材料，可以承受很大壓力。

盲鰻

巨口魚

29

自帶閃光燈

誰呀？這燈太亮了，快關掉，阻礙我們吃飯！

　　深海中的很多動物都會發光，牠們發光有的是為了捕食，有的是為了防禦，有的是為了逃生。這些動物奇怪的造型配搭幽暗的光，讓深海有不一樣的景象。

　　海洋雪是深海動物的盛宴。在深海中，海洋上層一些生物殘骸、殘渣等組成的碎屑，像雪花一樣不斷飄落，被稱作「海洋雪」。吸血鬼魷魚是海洋雪的食客之一。

　　吸血鬼魷魚又叫**幽靈蛸**，是一種生活在深海區域內介乎魷魚和章魚之間的動物，身長只有 15 厘米左右。在遇到危險時，牠們會突然發光，以此來迷惑敵人，然後趁機逃跑。

不用怕，我不吸血！

吸血鬼魷魚

鮟鱇魚是一種深海食肉魚類，牠們的頭很大，身體扁平，以深海中的小魚為食。

鮟鱇魚頭上有一根小小的「魚竿」，「魚竿」前端掛着牠們的誘餌。這個誘餌的形狀類似小燈籠，「燈籠」裏裝着的是細菌，這種細菌依靠鮟鱇魚自身分泌的物質發光，受到亮光誘惑的小魚一旦上鈎，就成了鮟鱇魚的美食。

雌性鮟鱇魚

雄性鮟鱇魚

雌性鮟鱇魚的體形要比雄性鮟鱇魚的體形大很多，一旦雌、雄兩隻鮟鱇魚相遇，雄性的身體就會逐漸與雌性的身體長在一起，成為雌魚身體的一部份。

奇奇怪怪的外貌

深海中的動物外貌都有些奇怪，牠們都是為了適應深海中的生活環境而進化的。

水滴魚就是生活在深海中其中一種外貌奇怪的魚類，牠們沒有魚鰾，用鰓呼吸。水滴魚的身體呈啫喱狀，密度比海水低，使牠們能輕鬆地從海底浮起。

據科學家猜測，水滴魚的外貌在深海中還算正常，人們看到的水滴魚之所以長着一張「悲傷臉」，是因為牠們被捕撈到岸上的時候，因為壓力的改變，身體膨脹，「皮膚」下垂，就變成了軟趴趴的模樣。

近年，人們不斷探索深海和海底，更多物種因而被發現。除了外貌奇怪的生物以外，還發現很多萌萌的小動物。

　　　　　小飛象章魚　是一種生活在深海的章魚，牠們長有一對像大耳朵的鰭。這種章魚的活動範圍一般在深海的海床上，移動時牠們會依靠觸腕直
接「行走」，游動時就靠搧動「大耳朵」
來前進，這對「大耳朵」每秒鐘能
搧動 30 至 40 下。

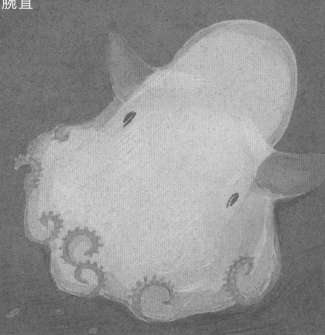

　　　　　生活在深海中的　管眼魚　也長得十分有趣，牠們有一個正常的身子和透明的頭，管狀的眼睛特別能聚焦光線，幫助牠們快速發現獵物。

看清楚了吧？我的腦袋
裏裝的都是智慧！

眼睛

不定時炸彈 —— 海底火山

海底有很多**火山**，大部份火山都分佈在深海區，只有少數火山分佈在淺水區。海底的火山也會爆發，但火山爆發的物質不是燃燒的明火，而是一些氣體、岩漿等物質。

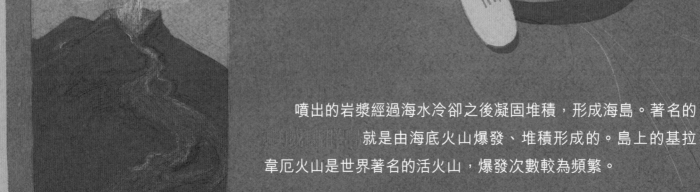

我的天啊！海底竟然也有火山？

噴出的岩漿經過海水冷卻之後凝固堆積，形成海島。著名的 就是由海底火山爆發、堆積形成的。島上的基拉韋厄火山是世界著名的活火山，爆發次數較為頻繁。

海底的 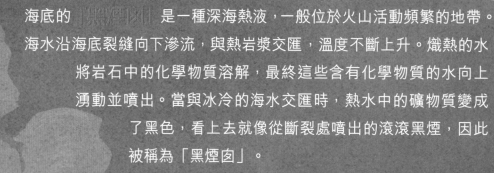 是一種深海熱液，一般位於火山活動頻繁的地帶。海水沿海底裂縫向下滲流，與熱岩漿交匯，溫度不斷上升。熾熱的水將岩石中的化學物質溶解，最終這些含有化學物質的水向上湧動並噴出。當與冰冷的海水交匯時，熱水中的礦物質變成了黑色，看上去就像從斷裂處噴出的滾滾黑煙，因此被稱為「黑煙囪」。

除了「黑煙囪」以外，海底熱液煙囪還有「白煙囪」。不過，形成「黑煙囪」還是「白煙囪」與溫度沒有直接關係，而是與流體物質組成有關。

海底「煙囪」冒的「煙」有毒嗎？

此處有毒，請繞道！

管狀蠕蟲

「黑煙囪」含有高濃度的硫化物，這種物質對一般生物來說是有劇毒的，但在這種高溫、高壓且有毒的環境中，仍然有生命存在。

生活在熱液口附近的特殊細菌養活了大量的蝦，熱液口附近還長滿了 2 米多高的巨型管狀蠕蟲。很多動物在這片「蠕蟲林」中棲息，形成了獨特的生物群落。

深海巨怪

以往一直流傳着關於海怪的傳說。傳說中這種海怪體形巨大，當牠們浮出海面時，身體比船隻還要大，觸手能輕鬆令經過的船隻翻側。後來，隨着人們逐漸深入探索海洋，大家推測這種海怪的原型極有可能是大王烏賊。

大王烏賊是現存最大的無脊椎動物，一般生活在太平洋和大西洋的深海區，有時也會到淺海區覓食。

雖然早年的數據對這種動物的體形有一些誇大的描述，但從現有研究來看，大王烏賊全長可達 18 米。

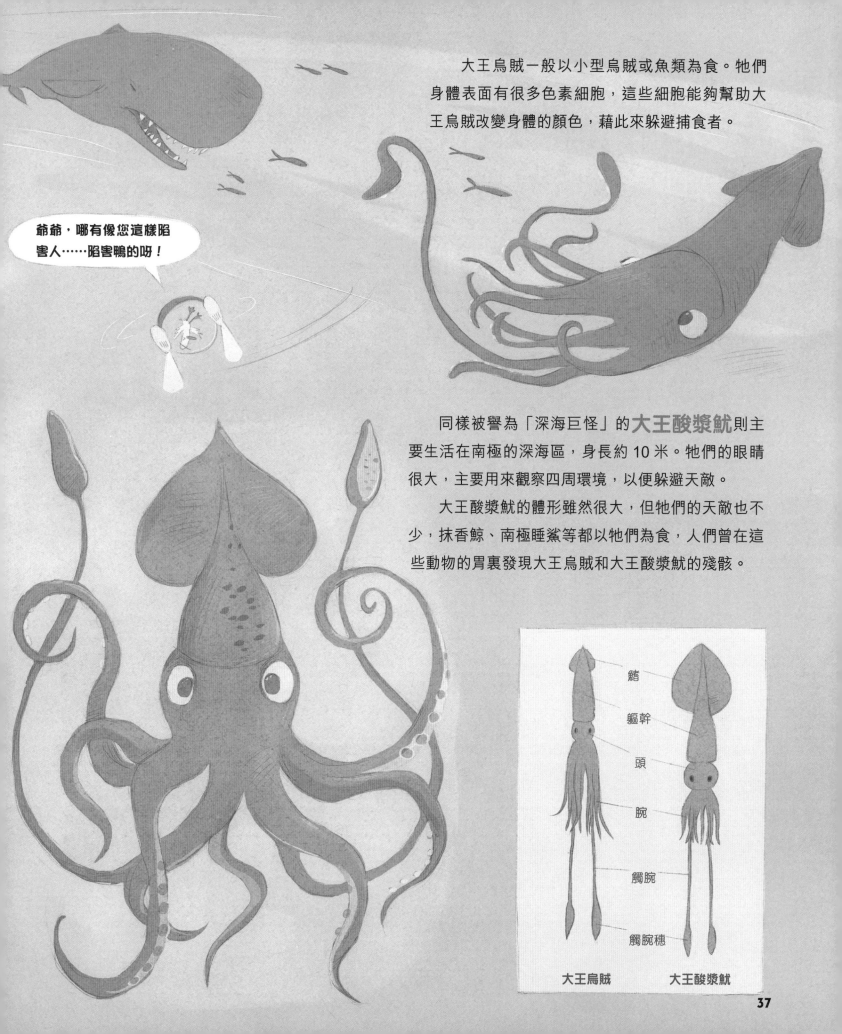

大王烏賊一般以小型烏賊或魚類為食。牠們身體表面有很多色素細胞，這些細胞能夠幫助大王烏賊改變身體的顏色，藉此來躲避捕食者。

爺爺，哪有像您這樣陷害人……陷害鴨的呀！

同樣被譽為「深海巨怪」的**大王酸漿魷**則主要生活在南極的深海區，身長約 10 米。牠們的眼睛很大，主要用來觀察四周環境，以便躲避天敵。

大王酸漿魷的體形雖然很大，但牠們的天敵也不少，抹香鯨、南極睡鯊等都以牠們為食，人們曾在這些動物的胃裏發現大王烏賊和大王酸漿魷的殘骸。

鰭

軀幹

頭

腕

觸腕

觸腕穗

大王烏賊　　大王酸漿魷

叫魚不是魚

我們常説的「鯨魚」，雖然有個「魚」字，但牠們不是魚類，而是生活在海洋裏的哺乳類動物，依靠肺部呼吸。

鯨分齒鯨和鬚鯨兩種，最為人熟知的齒鯨是**海豚**。海豚利用一種叫回聲定位的技術尋找獵物。牠們發出聲波，聲波接觸到獵物後會反射，海豚聆聽從獵物身上反射的聲波來鎖定牠們的位置。

抹香鯨是現存體形最大的齒鯨，牠們的潛水能力很強，正在捕食的抹香鯨可以潛到水下約 3,000 米。

你先鬆口！

快把你的觸腕拿開！

虎鯨是一種聰明的齒鯨，牠們是群居動物，群體中具有複雜的社會性。

虎鯨捕食的時候懂得利用團隊作戰的方式圍捕獵物，牠們以海豹、海豚等動物為食，有時候也會主動攻擊其他鯨類甚至鯊魚。

體形最大的鯨是**藍鯨**，牠們也是地球上現存最大的動物，身長可達 33 米，從北極到南極的海洋中都能看到牠們的身影。

藍鯨屬於鬚鯨，採用濾食的方式獲取食物。牠們主要以磷蝦為食，會將海水和磷蝦一起吞入口中，再將海水排出體外。

當一頭鯨死亡慢慢落入深海，牠的屍體會形成一個稱為「鯨落」的深海生態系統，為其他生物提供食物，以一具屍體滋養深海中的千萬生物長達幾十年甚至幾百年。

嗯？甚麼聲音？

我的寶藏！不要吞掉我！

磷蝦

潛水艇已損壞，無法繼續航行。

嗚嗚嗚，寶藏沒有了，我也回不了家！

以海為生的動物

海洋不僅是水生生物的家園，對許多海鳥來説，海洋也是牠們賴以生存的家園。

海鳥多以魚類、烏賊等海洋生物為食，經過長時間進化，牠們已經具備了獨特的生存技巧。

生活在北大西洋附近海域的**北極海鸚**就擁有出色的潛水能力與飛行能力，牠們不僅能潛入水中捕魚，還能在半空中旋轉飛行抵禦敵人。

大洋中的一些海島十分荒涼，人類無法居住，但對於一些海鳥來説，那裏卻是繁衍後代的好地方。除了海島以外，濕地也是海鳥的理想棲息地。

海鳥多數時間在海上生活，但牠們需要在陸地上產卵。每當繁殖期到來的時候，海島和臨海的懸崖上就會密密麻麻擠滿了築巢的海鳥，看上去十分壯觀。

聚集的海鳥會引來**捕食者**，一些狐狸喜歡偷吃鳥蛋，海島上的蛇類也是海鳥的天敵，甚至海鳥之間也不能和平共處。大自然以自己的方式維持着各個物種間的平衡。

天鵝是一種候鳥，冬天的時候牠們會選擇在比較溫暖的南方過冬，第二年春天再飛到北方繁育後代，等幼鳥長大後再飛回原本的過冬區。

大天鵝是天鵝的一種。一些大天鵝的過冬區位於中國山東省榮成市，牠們從蒙古高原出發，飛到較為溫暖的榮成過冬，以近岸淺海地區的海草為食。

除了海鳥以外，海獺、海獅、海象、海豹等動物也是海洋生物家族中不可缺少的成員。

人類與海洋

人類在遠古已經開始探索海洋了。早期的海洋探索大多是為了發現新陸地，例如哥倫布發現美洲大陸；或是為了遠洋探索、與周邊國家建立聯繫，例如鄭和七下西洋。後來，人們才開始進行各種科學研究活動。

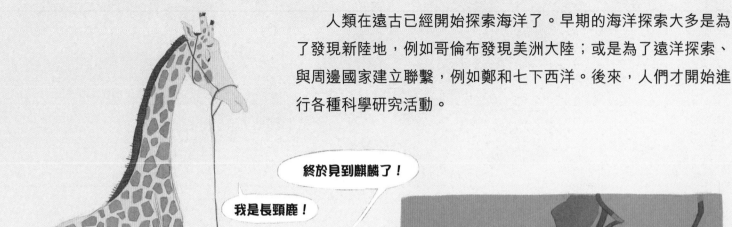

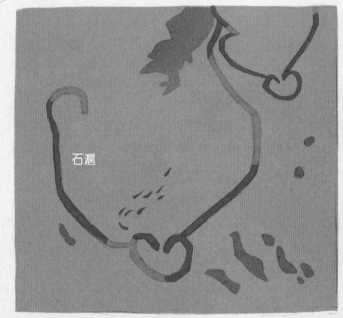

石滬

古時候，人們會在沿海地區建造名為「石滬」的陷阱式捕魚設施，利用潮汐的力量來捕魚。漲潮時魚群游進陷阱，退潮後則會連同海水一併留在陷阱中。這樣的捕魚方式既滿足了人類的需要，又能維持生態的平衡，不會濫捕。

從海水中提取鹽的做法亦歷史悠久。居住在海岸附近的人把海水引入池子裏，經太陽暴曬使水份蒸發，留下的晶體就是粗鹽。

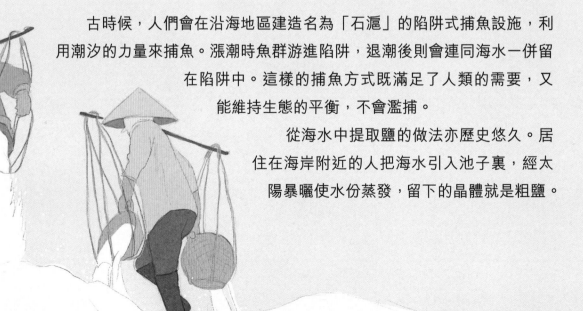

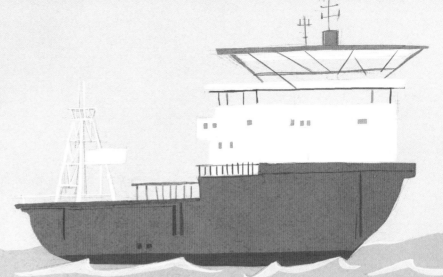

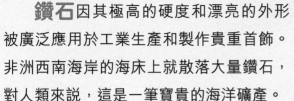鑽石因其極高的硬度和漂亮的外形被廣泛應用於工業生產和製作貴重首飾。非洲西南海岸的海床上就散落大量鑽石，對人類來説，這是一筆寶貴的海洋礦產。

要不我們也下船去挖點鑽石吧！

貪財鬼，要去你自己去！

海洋捕撈也是人類從海洋中獲取資源的方式，從近海淺海區域到遠洋深海區域，都有人類留下的有關海洋漁業開發的足跡，人類以養殖或合理捕撈的方式從海洋中獲取魚類資源。

海洋中還蘊藏着豐富的石油、金屬資源，潮汐和波浪帶來的巨大能量還能用來發電。可以説，海洋一直養育着人類。

被過度消耗的海洋

海洋面積廣闊，無數的生命依賴海洋生存，其中包括人類。但海洋的承載力是有限的，人類的活動正在逐步破壞海洋的生態環境。

科技發展提高了現代捕魚業的效率，大型捕魚船一次能夠捕捉很多魚。但是過度捕撈會使海洋中的生物多樣性減少，一些物種瀕臨滅絕。

雖然國際公約訂明禁止捕鯨，但仍有部份國家以「科學研究」的名義大肆捕殺牠們。

捕魚業太厲害了，竟把我也撈上來！我又不好吃！

人類活動產生的廢水未經完善處理就流入海洋，會令一些浮游生物急劇繁殖和大量聚集，導致海水變色和水質惡化，這種現象稱為紅潮。這些浮游生物不僅有毒，還會消耗水中大量氧氣，導致該地區的海洋生物大量死亡。

塑膠製品便利人類生活，但對海洋動物而言卻是惡夢。人類曾在多種海洋動物的胃裏發現被誤食的塑膠製品。海中廢棄的塑膠漁網經常纏住經過的鯨、海豹等動物，導致牠們的身體變形，或令牠們溺水而亡。

海濱度假一直是深受遊客歡迎的休閒活動之一，於是一些海岸地區被大肆開發，很多野生動物的棲息地被破壞，因而無家可歸。除此以外，石油洩漏、全球暖化等都直接或間接地破壞海洋的生態環境。

保護海洋，人類有責

值得慶幸的是，如今人類已經意識到保護海洋環境的重要性，也在積極努力地遏制海洋環境的惡化，保護海洋動物的生命。

> 看，牠在跟我們招手呢！

> 希望牠不要再被纏住了，平平安安地活下去。

> 彩虹呀！

科學家正在積極研究如何利用海裏原有的細菌解決石油污染的問題；各國也制定了相關法律，確保污水不會流入海洋；科技的進步也減少捕魚業過度捕撈的問題，保護海洋生態。

日常生活中，我們微小的行動也能夠為保護海洋貢獻自己的一份力量。

減少碳排放能減緩全球暖化的速度，減低對海洋生態環境的破壞程度。

少用塑膠製品可減少製造塑膠垃圾，除此以外，更要積極回收再用塑膠。

我們到海灘遊玩時，要將自己的垃圾帶走，以免污染海洋。海釣活動結束後，也要將魚絲收拾乾淨，不要掉到海裏。

我們要對海洋生物、海洋知識有所了解，拒絕購買、食用珍稀動物，這些都是我們力所能及的事情。

低碳生活

塑膠回收

清理海灘上的垃圾

不食用珍稀動物

這次的海洋之旅徹底結束了，雖然不能拿回爺爺說的寶藏，但地球是我們的家園，海洋就是最珍貴的寶藏。

書　　名	小學生趣味大科學：生命的搖籃——海洋
編　　者	恐龍小Q
責任編輯	蔡枕音
美術編輯	蔡學彰
出　　版	小天地出版社（天地圖書附屬公司）
	香港黃竹坑道46號新興工業大廈11樓（總寫字樓）
	電話：2528 3671　傳真：2865 2609
	香港灣仔莊士敦道30號地庫（門市部）
	電話：2865 0708　傳真：2861 1541
印　　刷	亨泰印刷有限公司
	柴灣利眾街27號德景工業大廈10字樓
	電話：2896 3687　傳真：2558 1902
發　　行	聯合新零售（香港）有限公司
	香港新界荃灣德士古道220-248號荃灣工業中心16樓
	電話：2150 2100　傳真：2407 3062
出版日期	2024年1月 / 初版・香港

編者簡介

恐龍小 Q 是大唐文化旗下一個由中國內地多位資深童書編輯、插畫家組成的原創童書研發平台，平台的兒童心理顧問和創作團隊，與多家內地少兒圖書出版社建立長期合作關係，製作優秀的原創童書。